超级简单
西餐

[法] 科达·布拉克　著　[法] 迪尔德·鲁尼　[法] 皮埃尔·热维尔　摄影
张蔷薇　译

北京出版集团公司
北京美术摄影出版社

目 录

前菜 & 开胃菜

早餐 & 小吃

午餐 & 晚餐

面食

甜点

水果

注：本书食材图片仅为展示，不与实际所用食材及数量相对应

番茄配莫萨里拉干酪

 15 分钟

 拌匀且静置 30 分钟

 2 人份

莫萨里拉干酪 2 块

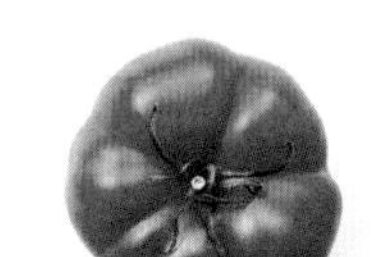

番茄 2 个

柠檬 1 个

罗勒若干

牛油果 1 个

橄榄油少许

- 将罗勒清洗干净，择下叶子并切碎，将莫萨里拉干酪沥干水分，切片待用。将番茄洗净、切片。将柠檬榨汁，再将牛油果剥皮，去除果核部分，撒上一点儿柠檬汁，然后切成片备用。
- 将莫萨里拉干酪片、番茄片、牛油果片依次摆放在盘子上。
- 在摆好的食材上先浇上一点儿橄榄油，然后放入盐、胡椒粉调味，最后撒上切碎的罗勒叶。让全部的食材腌制一会儿，30 分钟后再食用。

塔布雷沙拉

布格麦食 40 克

带叶子的小洋葱 2 棵

黄瓜少许

柠檬 1 个

香芹 1 把

橄榄油 2 汤匙

15 分钟

拌匀即可

2 人份

○ 将布格麦食（碾碎的干小麦）洗净后放入大碗里，倒入 200 毫升沸水。取 1 个盘子将大碗盖上，使里面的布格麦食泡发约 30 分钟。

○ 将香芹清洗干净，晾干后去掉叶子，和带叶子的小洋葱一起切碎。然后将黄瓜洗净并切成小块，将柠檬榨汁备用。

○ 因为布格麦食吸满了水分，所以如果有必要的话，可先将布格麦食沥干水分，然后取出来放入 1 只大碗中，再加入香芹碎、带叶子的小洋葱碎、柠檬汁和橄榄油，最后加入胡椒粉调味并搅拌均匀即可。

凉拌胡萝卜丝

20 分钟

拌匀即可

2 人份

胡萝卜 4 根

柠檬 1 个

橙子 1 个

青苹果少许

橄榄油 2 汤匙

芥末酱 1 茶匙

- 将柠檬和橙子分别榨汁，将胡萝卜洗净并去皮，切去顶端部分。再将青苹果洗净、去皮，然后取出果核。
- 将胡萝卜和青苹果擦成细丝，放入大碗中。
- 在大碗中先加入几滴柠檬汁和橙汁，然后加入少许橄榄油、芥末酱、盐和胡椒粉，最后搅拌均匀即可。

黄油沙丁鱼

10 分钟

拌匀即可

2 人份

沙丁鱼罐头 1 盒

柠檬 1 个

黄油 15 克

塔巴斯科辣椒酱几滴

○ 提前 1 个小时取出冷藏的黄油，将其置于室内，直到黄油软化。将柠檬清洗干净，取柠檬皮擦丝，果肉榨汁。

○ 将沙丁鱼用叉子压碎，并和黄油均匀地搅拌在一起。

○ 在搅拌好的沙丁鱼中加入几滴塔巴斯科辣椒酱、一点儿柠檬汁和柠檬皮屑，最后配以面包或是其他可生食的食物，即可享用。

鲭鱼肉酱

10 分钟

拌匀即可

2 人份

烟熏鲭鱼 1 块

白奶酪 125 克

柠檬 1 个

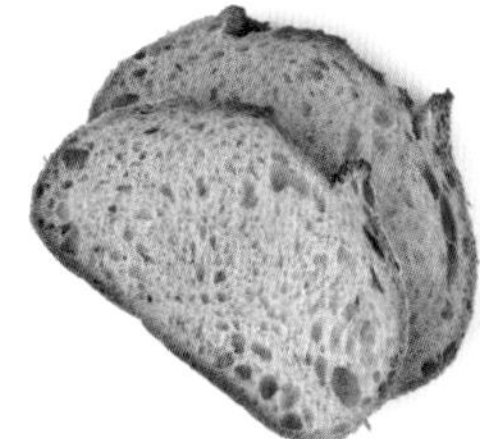

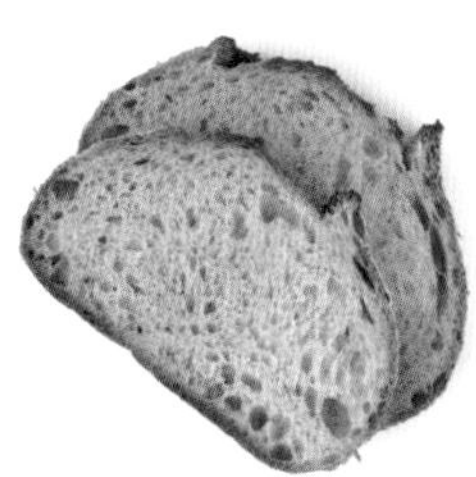

面包数片

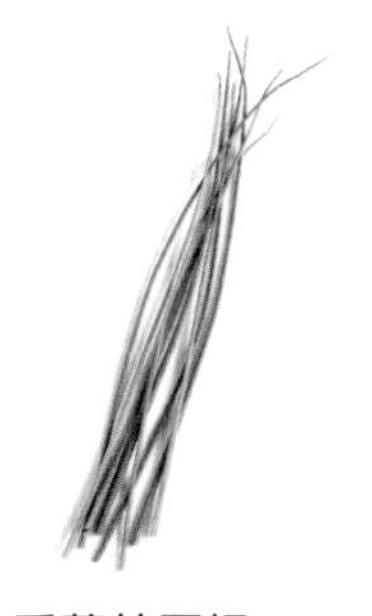

香葱若干根

- 将香葱洗净、切碎，再将柠檬洗净，取柠檬皮擦丝，果肉榨汁。
- 将烟熏鲭鱼肉用叉子压碎，并和白奶酪均匀地搅拌在一起。
- 加入一点儿柠檬汁、香葱碎和柠檬皮碎屑，制成鲭鱼酱。
- 将做好的鲭鱼酱涂抹在新鲜的面包或是烤制后的面包上即可食用。

鹰嘴豆泥酱

15 分钟

拌匀即可

6 人份

罐装鹰嘴豆 265 克

柠檬 1 个

花生酱 1 汤匙

香菜数根

大蒜 1 瓣

橄榄油 3 汤匙

- 沥干鹰嘴豆的大部分水分。将柠檬洗净并取适量果皮，擦出半茶匙左右的柠檬皮碎屑，再将剩余果肉榨汁。将香菜洗净、切碎。
- 将大蒜去皮，切成薄片。将鹰嘴豆压碎成泥状，并与花生酱、橄榄油、柠檬皮碎、大蒜片以及 1 茶匙柠檬汁混合均匀。
- 如果混合后的鹰嘴豆泥略干，可再加入一点儿水。将混合好的鹰嘴豆泥盛入碗中，然后撒上香菜碎即可。

前菜 & 开胃菜

西班牙蔬菜凉汤

20 分钟

拌匀即可

2 人份

番茄 6 个

红椒 1 个

洋葱 1 头

面包块 12 块

黄瓜 1 根

橄榄油 3 汤匙

○ 将番茄洗净后放入平底锅内，用沸水焯 30 秒，然后去皮。

○ 将洋葱、黄瓜洗净、去皮，并切成块。将红椒洗净后去子和白色部分，然后切成块。

○ 将所有切块的食材放入搅拌机中搅打成泥，随后加入橄榄油、盐、胡椒粉和水（如有必要的话），并混合均匀。将混合好的食材放入冰箱内冷藏。最后，将做好的凉汤配上面包块和冰块食用即可。

墨西哥经典萨尔萨酱配玉米片

15 分钟

拌匀即可

6 人份

番茄 6 个

带叶子的小洋葱 1 棵

红辣椒 1 个

香菜半把

青柠檬 1 个

杧果 1 个

○ 将番茄洗净后切成小块，将红辣椒洗净后对半切开，去子并切成小块。将带叶子的小洋葱洗净、去皮、切碎。将青柠檬榨汁备用。将香菜清洗干净，然后沥干水分并切碎。将杧果去皮后切成小块。

○ 将番茄块、带叶子的小洋葱碎、杧果块和香菜碎混合均匀，然后加入盐和胡椒粉调味。

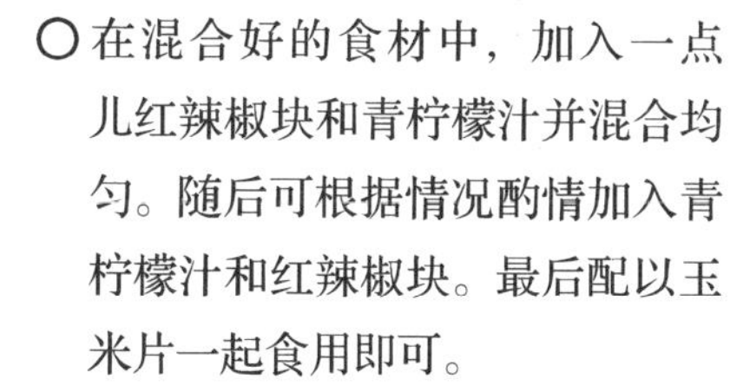

○ 在混合好的食材中，加入一点儿红辣椒块和青柠檬汁并混合均匀。随后可根据情况酌情加入青柠檬汁和红辣椒块。最后配以玉米片一起食用即可。

美味麦片粥

 5 分钟

 10 分钟

 2 人份

牛奶 400 毫升

燕麦片 100 克

干椰枣 4 颗

新鲜奶油 2 汤匙

蜂蜜 1 汤匙

○ 将干椰枣去核，并切条。

○ 将燕麦片洗净后倒入平底锅中，加入牛奶、100 毫升水、1 小撮盐和干椰枣条。

○ 将锅内食材煮至沸腾并转小火，其间不停搅拌直至燕麦片熟透，且呈黏稠状。最后加入蜂蜜和新鲜奶油即可。

藏起来的面包

5 分钟

10 分钟

2 人份

牛奶 80 毫升

鸡蛋 2 个

糖 1 茶匙

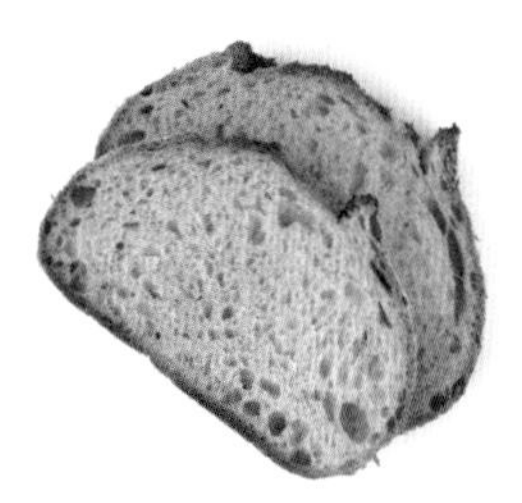

面包 4 片

黄油 15 克

桂皮粉 1 小撮

- 在 1 只大碗中，将鸡蛋和牛奶打散在一起，并加入 1 小撮盐和糖。
- 将黄油放入长柄平底锅内，用中火加热至熔化，将面包片放入搅拌好的牛奶蛋液中，均匀地蘸好蛋液，随后放入加热好黄油的长柄平底锅内，将其煎至两面金黄。
- 食用时，撒上桂皮粉和糖，或者配以水果即可。

苹果牛角面包

5 分钟

15 分钟

1 人份

牛角面包 1 个

苹果（小）1 个

黄油 15 克

糖 1 汤匙

- 将苹果洗净、去皮并切片。
- 将黄油放入小平底锅内加热至熔化，随后放入苹果片，用中火将苹果片的两面煎熟直至变软，再加入糖，转大火，使苹果片微着焦糖色。
- 将烤箱提前预热，再将牛角面包放入烤箱内烤几分钟。
- 最后将牛角面包取出并对半切开，在中间塞入煎好的苹果片，再浇上烹调用的果酱即可。

香蕉草莓奶昔

5 分钟

拌匀即可

2 人份

香蕉 1 根

原味酸奶 2 瓶

柠檬半个

罗勒叶 4 片

新鲜草莓 250 克

- 将新鲜草莓清洗干净，去除根蒂部分，并切成小块。
- 给香蕉去皮并切成圆片。
- 将罗勒叶清洗干净并晾干，将柠檬榨汁备用。
- 将切好的新鲜草莓块和香蕉圆片、原味酸奶、罗勒叶、少许柠檬汁一起放入搅拌机内，将食材搅打均匀后盛入碗中即可。

早餐 & 小吃

燕麦煎饼

10 分钟

20 分钟

10 块

燕麦片 200 克

核桃仁 25 克

蜂蜜 1 汤匙

葡萄干 75 克

黄油 125 克

糖 3 汤匙

- 将烤箱预热至 180℃，取 1 个正方形或是直径为 20 厘米的模具，模具不要太深，在模具内均匀地涂抹好黄油。
- 将剩余黄油放入小平底锅内，与糖、蜂蜜一起用文火加热至熔化。随后加入洗净的燕麦片、葡萄干和核桃仁，将其搅拌均匀。
- 将混合好的食材倒入涂好黄油的模具内，用勺子抹平表面，放入烤箱内烤制 20 分钟，制成燕麦煎饼。
- 将烤好的燕麦煎饼趁热切割成块，放至自然冷却，然后脱模。

司康饼

25 分钟

12~15 分钟

6~8 块

面粉 300 克

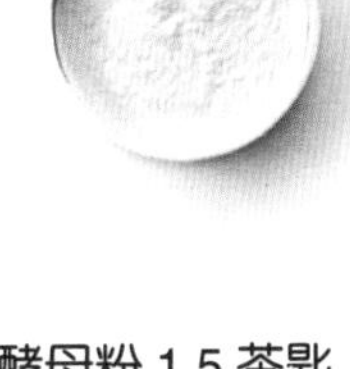
酵母粉 1.5 茶匙

糖 1 汤匙

牛奶 150 毫升

黄油 50 克

鸡蛋 1 个

○ 提前将烤箱预热至 220℃，然后取 1 个沙拉盆，依次倒入面粉、酵母粉、糖和 1 小撮盐，将盆内全部食材混合均匀。

○ 然后放入切成小块的黄油，并用手指来回翻拌，直到黄油和面粉混合均匀。随后倒入鸡蛋液和牛奶，并混合均匀。

○ 将揉搓好的面团先揉成球形，然后摊开，做成约 2.5 厘米厚的面饼，再用面粉杯将其切成圆形的饼干形状。最后将切好的司康饼原料摆在烤盘上，入烤箱烤制 12~15 分钟即可。

布朗尼蛋糕

25 分钟

30 分钟

12 块

黑巧克力 200 克

黄油 250 克

糖 250 克

面粉 60 克

鸡蛋 3 个

酵母粉半茶匙

- 提前 1 个小时取出冷藏的黄油，使其经室温融化至松软。
- 将烤箱预热至 180℃。将黑巧克力和切成块的黄油放入浸在热水的锅里（此时锅正在火上加热），直至熔化。然后离火，将其搅拌至顺滑。随后再依次加入糖和鸡蛋液。
- 将面粉和酵母粉过筛后倒入锅中，然后加入 1 小撮盐。接着将全部食材混合均匀，备用。
- 将混合好的蛋糕原料倒入 24 厘米长宽的正方形模具里。将蛋糕液表面刮平，随后入烤箱烤 30 分钟，直至从烤箱取出来时，蛋糕的内部还是松软、黏稠的为止。

曲奇饼干

10 分钟

7～10 分钟

10～12 块

红糖 150 克

含盐黄油 110 克

鸡蛋 2 个

酵母粉半茶匙

面粉 180 克

黑巧克力 200 克

○ 提前 1 个小时取出冷藏的含盐黄油，使其经室温融化至松软。

○ 将烤箱预热至 190℃，并将黑巧克力压碎成大块。将面粉、红糖和酵母粉放在大碗中混合均匀。随后加入含盐黄油和鸡蛋液，均匀混合后，再加入黑巧克力块。

○ 将混合好的面揉成团，并均匀分成若干小份，然后将小份面团按压成饼状，摆放在盖有油纸的烤盘上，入烤箱烤制 7~10 分钟（烤制时间取决于曲奇饼干的厚度）。饼干没有必要一定烤制呈金黄色，只要看起来熟了即可（曲奇饼干冷却后会变硬）。

可丽饼

10 分钟准备，4 小时静置

25 分钟

10 张可丽饼

面粉 300 克

鸡蛋 3 个

牛奶 250 毫升

黄油 80 克

○ 将面粉和 1 小撮盐均匀混合。在面粉堆中间挖 1 个坑，然后打入鸡蛋液，混合均匀，再加入牛奶和 100 毫升水。待全部食材搅拌均匀后，静置 4 个小时。

○ 取一半的黄油，用平底锅加热，使其熔化。将熔化的黄油倒入混合好的面液中，然后均匀地搅拌面液。

○ 取 1 大汤匙的面液倒入平底锅内，将平底锅来回旋转，使面液均匀地摊在锅上。当面液看上去成型时，用刮铲将薄饼翻面。再继续加热 1 分钟，即可盛入盘中。在制作每张可丽饼前，都需要在平底锅内涂上一点儿黄油。

草莓三明治

 5 分钟

 5 分钟

 1 人份

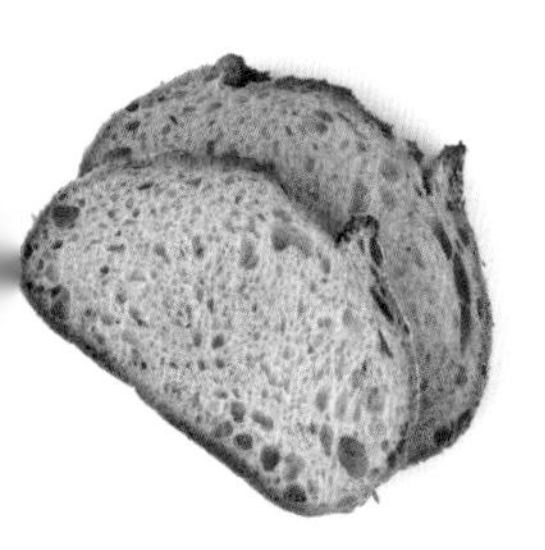

面包 1 厚片

新鲜草莓 125 克

红糖 1 汤匙

薄荷叶数片

黄油 1 个核桃大小的量

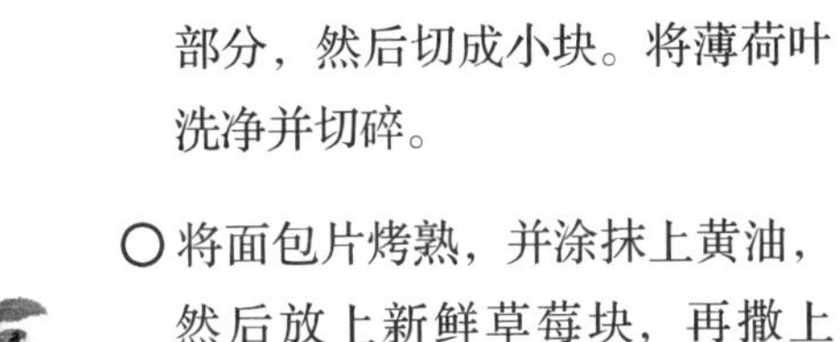

○ 将新鲜草莓清洗干净，去除根蒂部分，然后切成小块。将薄荷叶洗净并切碎。

○ 将面包片烤熟，并涂抹上黄油，然后放上新鲜草莓块，再撒上红糖。

○ 用叉子轻轻地将新鲜草莓块压碎，并撒上碎薄荷叶即可。

苹果火腿松饼

5 分钟

5 分钟

2 人份

松饼 4 个

苹果 1 个

生火腿 2 片

伯爵奶酪 100 克

○ 将苹果洗净、去皮，然后切成 4 大块，去除果核部分，再将每块分别切成薄片。接着将伯爵奶酪切片。

○ 将松饼放入烤箱内，烤制 3 分钟左右。

○ 将苹果片、伯爵奶酪片和生火腿片依次放在松饼上，并将松饼再次放回烤箱内烤制，直至伯爵奶酪熔化，微微呈金黄色。最后撒上胡椒粉调味即可。

WINCO
STAINLESS STEEL CHINA

蓝纹奶酪牛排

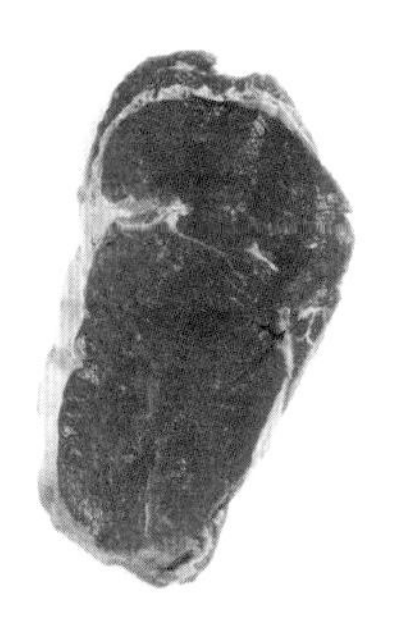

牛排 2 块

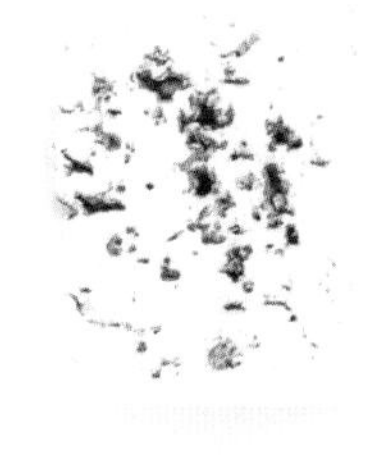

蓝纹奶酪 100 克

新鲜奶油 150 毫升

橄榄油 2 汤匙

 2 分钟

 8 分钟

 2 人份

- 给牛排均匀地涂抹上橄榄油并撒上胡椒粉，随后将其放入加热好的平底锅内，用中火每面煎制约 2 分钟（根据厚度决定煎制时间）。
- 取出牛排，将其盛入盘中，撒上盐调味。用油纸擦去平底锅内的油渍并重新开火，在锅内放入蓝纹奶酪和新鲜奶油，用文火慢慢使之熔化，只需微微熔化即可。
- 将做好的奶酪汁浇在牛排上，再配以薯条等一起食用即可。

芥末鸡胸肉

5 分钟

25 分钟

2 人份

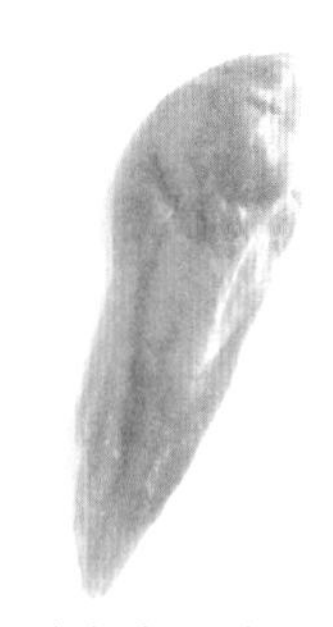
鸡胸肉 2 块

芥末酱 2 汤匙

新鲜奶油 4 汤匙

橄榄油 2 汤匙

四季豆 300 克

- 将鸡胸肉洗净，再将四季豆择好并清洗干净。然后用加盐的开水将四季豆焯烫 6~7 分钟，沥干水分后加盐调味。
- 在平底锅内用中火将橄榄油烧热，然后平整地放入鸡胸肉，先将一面煎至金黄，然后换另一面煎。
- 转小火，放入新鲜奶油和芥末酱，待均匀混合后，继续烹制 10 分钟左右。可以用刀尖扎一扎鸡胸肉，看是否已熟透，熟透的鸡胸肉内渗出的汁水不应该是血红色的。
- 最后配上煮好的四季豆即可食用。

火鸡鸡胸肉配牛油果酱

 15 分钟

 15 分钟

 2 人份

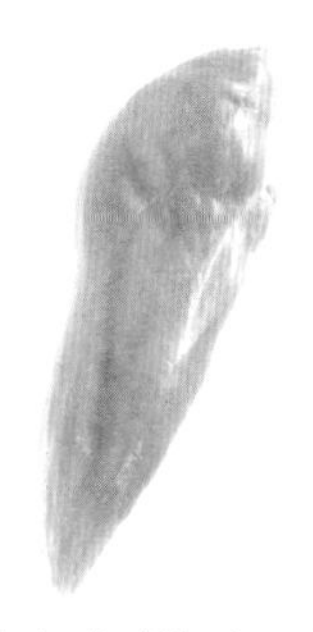

细长的火鸡鸡胸肉 2 块

牛油果 1 个

青柠檬 1 个

新鲜奶油 2 汤匙

塔巴斯科辣椒酱几滴

橄榄油 1 汤匙

○ 将细长的火鸡鸡胸肉洗净，再将青柠檬榨汁，然后将牛油果对半切开，去除果核，取出果肉，切成块并用叉子压碎。其间加入少许青柠檬汁和几滴塔巴斯科辣椒酱、盐和胡椒粉调味。

○ 用大火将倒有橄榄油的平底锅加热，放入细长的火鸡鸡胸肉，将其煎至两面金黄（大约需要煎 10 分钟左右）。

○ 待细长的火鸡鸡胸肉熟透后，转小火，在锅内加入牛油果泥和新鲜奶油。搅拌均匀后，快速离火，将食材盛入盘中（牛油果不需要炒熟）。

香煎鱼排

20 分钟

12~17 分钟

2 人份

鳕鱼鱼排 2 块

黄油 50 克

面包糠 6 汤匙

数种调味香草若干

柠檬 1 个

- 将烤箱预热至 220℃。将调味香草（香菜、菠菜、茴香、香葱等）洗净，沥干水分，切碎。将柠檬洗净，取果皮切碎，果肉榨汁。
- 将鳕鱼鱼排洗净后放在可以放入烤箱的盘子内，撒上面包糠、盐、胡椒粉和调味香草碎。
- 将黄油放入平底锅中，加热使其熔化，然后加入一半的柠檬汁和柠檬皮碎屑，搅拌均匀后倒在准备好的鳕鱼鱼排上。
- 根据鳕鱼鱼排的厚度，将鳕鱼鱼排放入烤箱内烤制 10~15 分钟，直至鳕鱼鱼排熟至用叉子稍微用力就能轻易切开为止。

午餐 & 晚餐

塔希提式鱼排

15 分钟

拌匀且静置 30 分钟

2 人份

三文鱼排 1 块

椰奶 150 毫升

青柠檬 2 个

胡萝卜 1 根

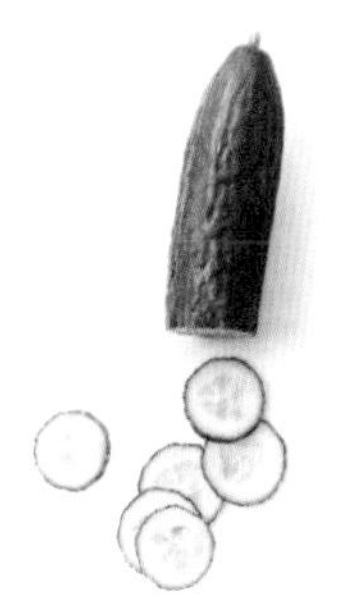
黄瓜少许

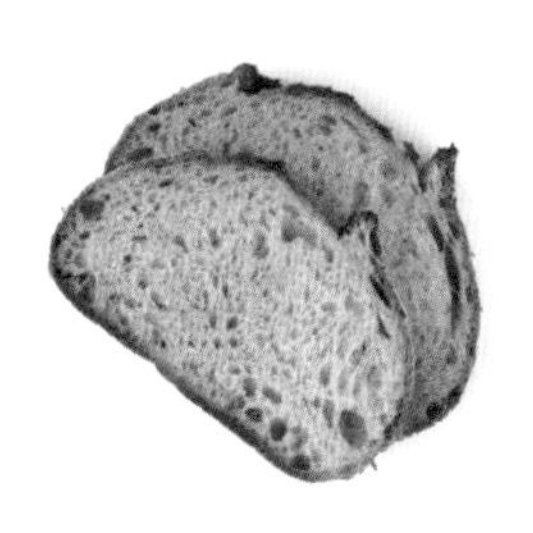
面包数片

- 将青柠檬榨汁。将三文鱼排洗净后去除鱼骨部分并切块。将三文鱼块放入 1 个深盘子中，加入盐和胡椒粉调味。然后倒入椰奶和青柠檬汁，轻轻地搅拌均匀。
- 将黄瓜和胡萝卜洗净、去皮，擦成粗丝，然后将其与三文鱼块混合均匀。
- 品尝一下盘子里的调味汁，如有必要，可以再适量加入一些青柠檬汁。将搅拌好的食材静置 30 分钟，使青柠檬汁可以更好地入味。最后配上面包即可食用。

绿咖喱三文鱼

三文鱼排 2 块

绿咖喱酱 1 汤匙

椰奶 300 毫升

速冻菠菜 200 克

香菜半把

葵花子油 1 汤匙

5 分钟

10~15 分钟

2 人份

- 将三文鱼排洗净后切成大块。在平底锅内倒入葵花子油，开大火将葵花子油烧热，随后放入绿咖喱酱煎炒 30 秒，其间需要不停地搅拌。
- 在锅内加入椰奶和 1 大杯水，煮沸。转小火保持微微沸腾。
- 再放入切好的三文鱼块和洗净的速冻菠菜，根据三文鱼块大小酌情炖煮 5~10 分钟。
- 将香菜洗净，沥干水分，取若干香菜叶撒在咖喱汁上。最后配以米饭即可食用。

LE CREUSET

午餐 & 晚餐

西式蛋饼

5 分钟

10 分钟

2 人份

鸡蛋 6 个

黄油 20 克

薄荷叶数片

- 将薄荷叶洗净、切碎。然后将鸡蛋打入碗中，搅拌均匀后，放入盐和胡椒粉调味。
- 将黄油放入 1 口平底锅中，用中火加热至黄油熔化，并使黄油均匀地覆盖于锅底。随后倒入鸡蛋液。当蛋饼的四周边缘微微卷起时，倾斜平底锅，并用刮刀将蛋饼表面刮平，使得流动的蛋液迅速填平凹陷处，然后将平底锅放回炉灶上。
- 撒上切好的薄荷叶碎，并用刮铲将蛋饼折叠起来即可。

速食奶酪土豆

5 分钟

8 分钟烹饪，5 分钟静置

2 人份

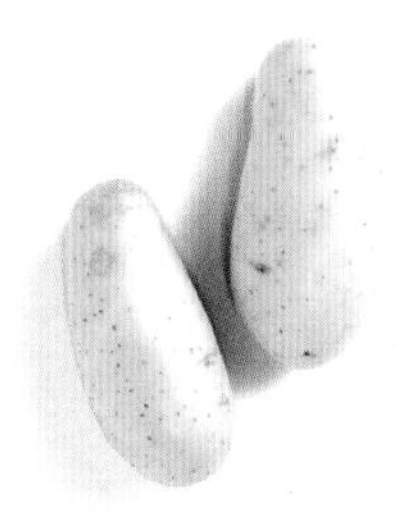
土豆（大）2 个

含盐黄油若干

伯爵奶酪丝若干

- 将土豆清洗干净，无须沥干水分。用尖刀将土豆扎透。
- 将准备好的土豆放入微波炉内微波 7~8 分钟（或是放入已预热至 190℃的烤箱内烤制 1 个小时左右），直到用刀扎透土豆时，内部是软的，但是并不完全熟透。
- 用锡纸将土豆包起来，静置 5 分钟。
- 切开土豆，加入含盐黄油、胡椒粉和伯爵奶酪丝即可。

速食法式奶油焗土豆

10 分钟

20 分钟

2 人份

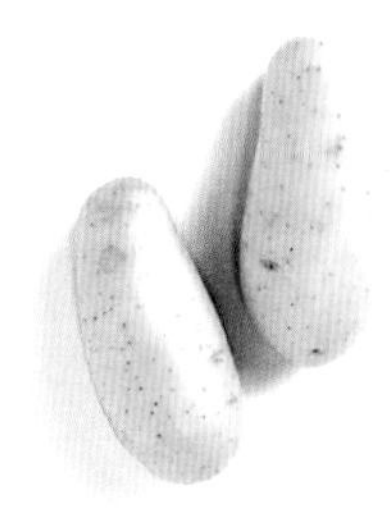
土豆 500 克

大蒜 1 瓣

黄油 1 个核桃大小的量

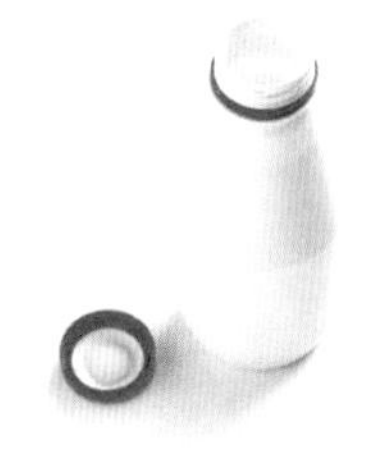
全脂液体奶油 300 毫升

- 将大蒜去皮后对半切开，然后将切好的蒜瓣放到做菜的盘子中。将土豆洗净后去皮并切成薄片。
- 将切好的土豆片放入盘中，依个人口味加入盐和胡椒粉调味，并加入全脂液体奶油及适量黄油。
- 将食材放入微波炉中微波 20 分钟（或是放入已预热至 190℃的烤箱内烤制 1~1.5 个小时），直到盘中的汤汁被充分吸收，土豆变成奶油状。如果微波炉是配备烘烤功能的，那么仅需要烤制 5~10 分钟就可以了。

红扁豆汤

10 分钟

30 分钟

2 人份

红扁豆 200 克

番茄酱 1 小罐

洋葱 1 头

咖喱粉 2 茶匙

柠檬 1 个

椰奶 100 毫升

- 将红扁豆清洗干净，再将洋葱洗净、去皮并切成薄片，将柠檬榨汁备用。
- 取 1 口大号平底锅，放入红扁豆和洋葱片，再加入 3 大杯水和番茄酱，将其煮至沸腾后，继续炖煮 20 分钟。
- 向锅内倒入大部分的椰奶、一点儿柠檬汁、胡椒粉、咖喱粉和盐。混合均匀后，用文火煮片刻。最后食用时再倒入剩余的椰奶即可。

俱乐部三明治

5 分钟

10 分钟

2 人份

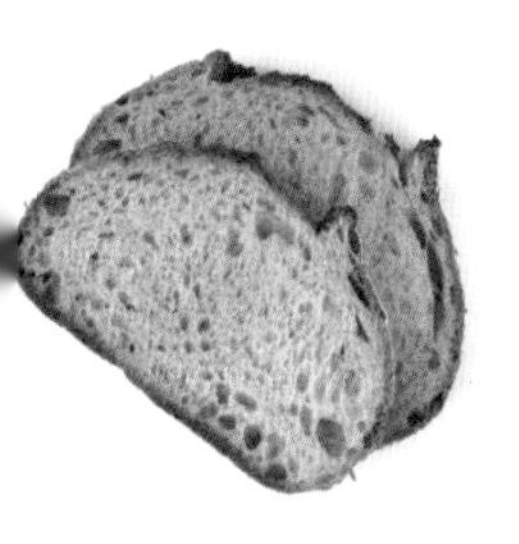
面包 4 片

牛油果半个

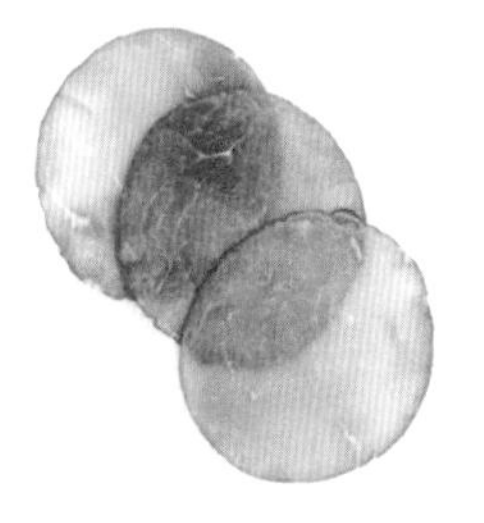
培根 2 片

用来涂面包的奶酪 30 克

鸡蛋 2 个

伍斯特辣酱油少许

- 将鸡蛋放入装有冷水的平底锅中，煮至沸腾，并保持微微沸腾状态 6 分钟。然后用冷水冲洗鸡蛋，并去除蛋壳，对半切开。
- 将牛油果去皮，剔除果核部分，并将果肉切成片，然后在上面淋上伍斯特辣酱油，并与用来涂面包的奶酪混合在一起，制成牛油果奶酪酱。将培根片用平底锅煎熟。
- 取出 2 片面包，将混合好的牛油果奶酪酱涂抹在面包片上，并用刀轻轻按压。再淋上一点儿伍斯特辣酱油，并放上煎熟的培根片和对半切开的鸡蛋。最后再盖上另一片面包即可。

午餐 & 晚餐

自制汉堡包

 5 分钟

 20 分钟

 2 人份

圆面包 2 个

牛排肉馅 2 份（每份 300 克）

康塔尔奶酪 2 片

黑啤 1 汤匙

带叶子的小洋葱 3 棵

葵花子油 2 汤匙

○ 将带叶子的小洋葱洗净后切成薄片，在锅内放入一半的葵花子油，将带叶子的小洋葱片煎 6 分钟左右，直至其呈金黄色（单独留出部分生的带叶子的小洋葱片备用）。在其中倒入黑啤，继续炖 2 分钟。

○ 将圆面包一切为二，入烤箱微微烤制。

○ 将牛排肉馅用剩余的葵花子油煎熟（整份煎）。离火前，在每份牛排肉馅上分别放 1 片康塔尔奶酪，然后将牛排肉馅翻面，使康塔尔奶酪微微软化。

○ 将蘸有康塔尔奶酪的牛排放在烤好的面包片上，撒上煎好的带叶子的小洋葱片和备用的生洋葱片，再将做好的面包片合上。

美味鸡肉沙拉

30 分钟

5 分钟

2 人份

罐装鹰嘴豆 265 克

布格麦食 40 克

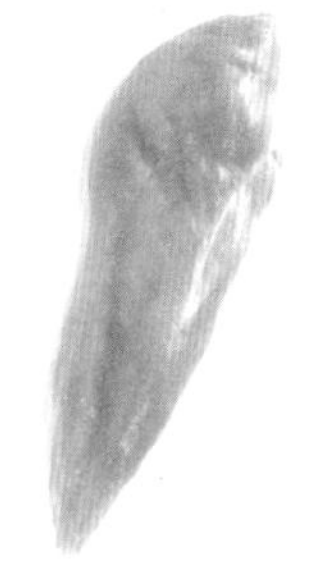
鸡胸肉 1 块

柠檬 1 个

香菜 6 根

孜然 1 小撮

○ 将布格麦食洗净后放在碗中，加入一点儿盐，用 200 毫升沸水泡发。将柠檬榨汁，香菜洗净、切碎备用。

○ 将鸡胸肉洗净、切块，在锅内放入 1 汤匙橄榄油，将鸡胸肉块煎炒 5 分钟，然后加入孜然。

○ 将 3 汤匙橄榄油和 3 茶匙柠檬汁搅拌在一起，然后加入盐和胡椒粉调味。

○ 将布格麦食和沥干水分的鹰嘴豆、鸡胸肉块、调好的油醋汁混合均匀。最后撒上香菜碎即可食用。

西葫芦脆酥

5 分钟

40 分钟

2 人份

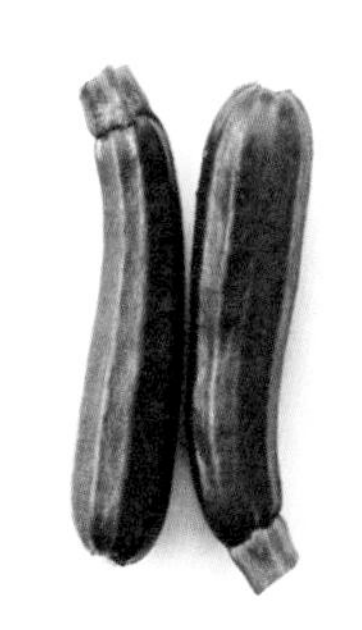
西葫芦 3 根

面粉 150 克

黄油 100 克

大蒜 1 瓣

杏仁片 2 汤匙

橄榄油 1 汤匙

○ 将烤箱预热，并将西葫芦清洗干净，切成长条状薄片。接着将西葫芦片摆放在可以放入烤箱的盘子上，洒上橄榄油，再加入盐和胡椒粉调味。将西葫芦片放入烤箱烤 5 分钟，然后翻面并切成块。

○ 将大蒜去皮后切丝放入盘中，和西葫芦块混合均匀。

○ 将黄油切块，加入到面粉里。用手指尖不停揉搓面粉和黄油的混合物，搓出一粒粒面团粒。将面团粒和杏仁片混合在一起，撒在西葫芦块上，最后放入温度为 180℃的烤箱中烤制 30 分钟即可。

午夜意面

2 分钟

15 分钟

2 人份

大蒜 3 瓣

意大利面 200 克

辣椒粉 1 小撮

橄榄油 4 汤匙

- 将意大利面放在大号平底锅中，用加盐的沸水煮 10 分钟。
- 将大蒜去皮，切成薄片。将意大利面沥干水分，并保留一点儿煮面的水，然后将其放在一旁备用。
- 取出平底锅，开火，倒入橄榄油，用中火加热，在锅中加入大蒜片和辣椒粉一起炒制，直至大蒜片微微泛黄。
- 关火，将意大利面和留出的水一起倒入平底锅中，然后混合均匀即可。

通心粉配柠檬酱汁

 5 分钟

 20 分钟

 2 人份

通心粉 200 克

黄油 50 克

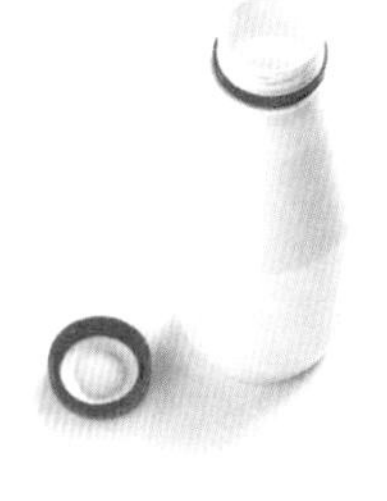

液体奶油 200 毫升

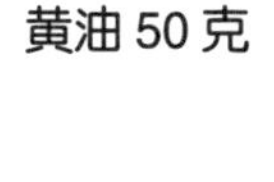

柠檬 1 个

- 在平底锅中放入至少 2 升水，将水煮沸，加入盐、通心粉，然后根据包装说明时间将通心粉煮熟。
- 将柠檬清洗干净，取皮磨成细末，果肉部分榨汁。然后将煮好的通心粉沥干水分。
- 将黄油放入平底锅内，并用文火加热，然后放入液体奶油、一半的柠檬汁和柠檬皮碎屑，将全部食材一起熬制 2 分钟。
- 品尝一下味道，再根据情况酌情加入剩余的柠檬汁。接着加入盐和胡椒粉调味。最后倒入通心粉并混合均匀即可。

培根蛋面

5 分钟

15 分钟

2 人份

鸡蛋面 200 克

培根 4 片

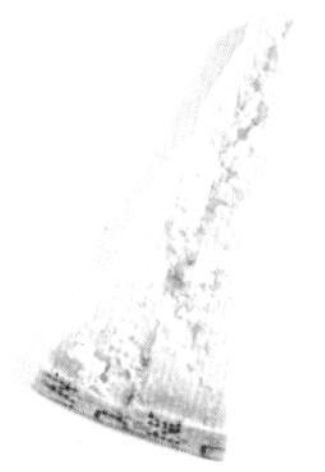
鸡蛋 2 个

帕尔玛干酪 50 克

黄油 10 克

- 将培根切成条。在平底锅中放入黄油，将培根条煎至微微泛黄，然后将煎好的培根条盛入大碗中。
- 在平底锅中倒入 2 升水，加入一点儿盐，待水沸腾后，放入鸡蛋面，按照包装说明上的时间将面煮熟。
- 将帕尔玛干酪切成丝，然后和鸡蛋液一起放入大碗中。
- 将鸡蛋面沥干水分，倒入大碗中，和碗中食材混合均匀后，放入胡椒粉调味即可。

面食

芝麻菜意面

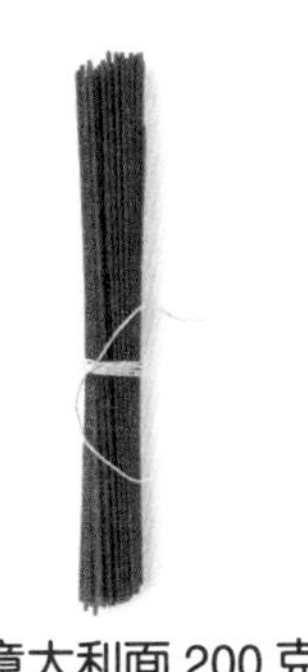

全麦意大利面 200 克

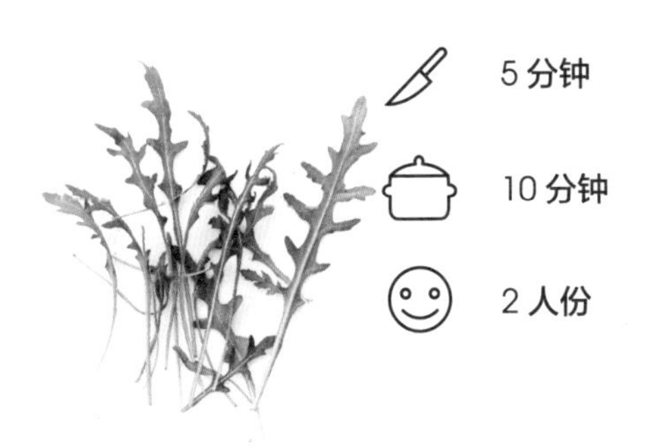

芝麻菜 100 克

5 分钟

10 分钟

2 人份

橄榄油 3 汤匙

塔巴斯科辣椒酱几滴

帕尔玛干酪 10 克

- 将全麦意大利面按照包装说明上的时间，用至少 2 升的加盐沸水煮熟。
- 用刨丝器将帕尔玛干酪擦成丝。将煮好的全麦意大利面沥干水分，并保留一点儿煮面的水备用。
- 将全麦意大利面放入平底锅中，并加入几滴塔巴斯科辣椒酱、预留的水、洗净的芝麻菜、橄榄油和一大部分帕尔玛干酪丝。
- 最后，将全部食材混合均匀后，撒上剩余的帕尔玛干酪丝即可。

面食

螺旋面沙拉

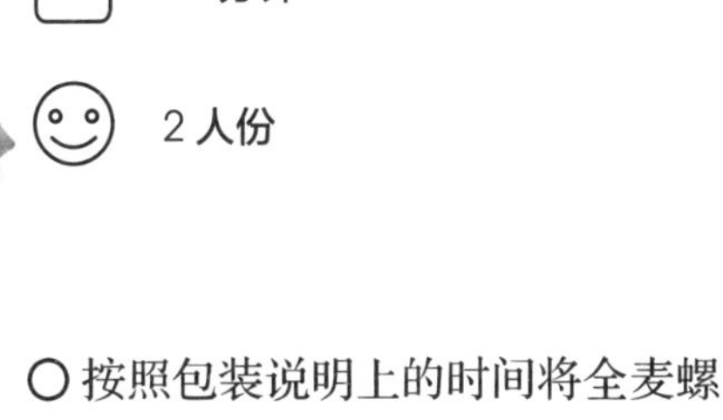

10 分钟

20 分钟

2 人份

全麦螺旋面 150 克

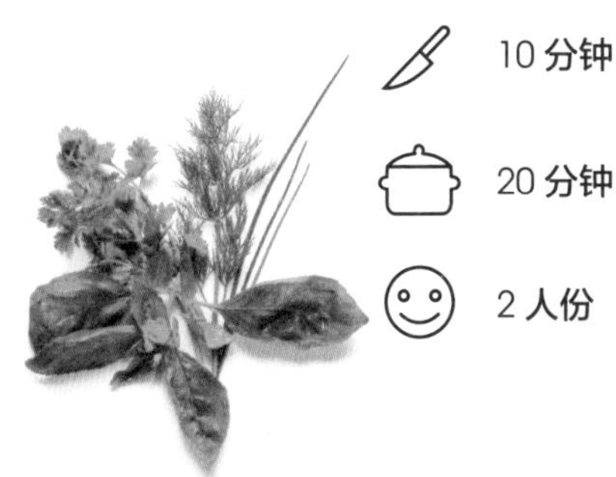

不同种类的香草 1 把

柠檬半个

芥末酱半茶匙

鸡蛋 2 个

橄榄油 3 汤匙

○ 按照包装说明上的时间将全麦螺旋面煮熟并沥干水分，浇上一部分橄榄油后凉凉。

○ 将各种调味香草洗净后切碎，并将柠檬榨汁。

○ 将煮锅中的水烧开后转小火，放入鸡蛋，用微微沸腾的水将鸡蛋煮 6 分钟。接着用凉水冲洗鸡蛋并去皮。

○ 将剩余的橄榄油、2 茶匙柠檬汁和芥末酱混合均匀。再放入盐和胡椒粉调味。最后倒入煮好的全麦螺旋面并加入各种香草碎，配上对半切开的溏心儿鸡蛋即可食用。

面食

番茄猫耳朵面

10 分钟

10 分钟

2 人份

猫耳朵面 175 克

番茄 250 克

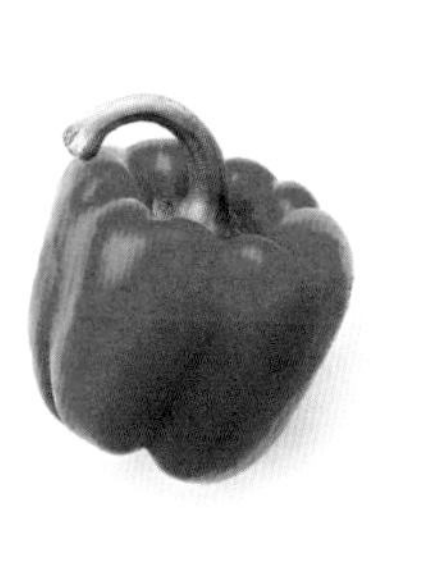
红椒（小）1 个

香菜若干

油渍番茄干 4 个

橄榄油 3 汤匙

- 将猫耳朵面按照包装说明煮熟。将番茄洗净后切成小块。将红椒洗净后去除根蒂和内核部分，并切成小块。将香菜洗净、切碎，并将油渍番茄干切碎。
- 将全部蔬菜混合在一起，加入盐、胡椒粉和橄榄油调味。
- 将搅拌均匀的蔬菜和猫耳朵面趁热混合在一起。

螺旋面配香蒜酱汁

5 分钟

10 分钟

2 人份

螺旋面 200 克

罗勒 2 把

橄榄油 4 汤匙

大蒜 1 瓣

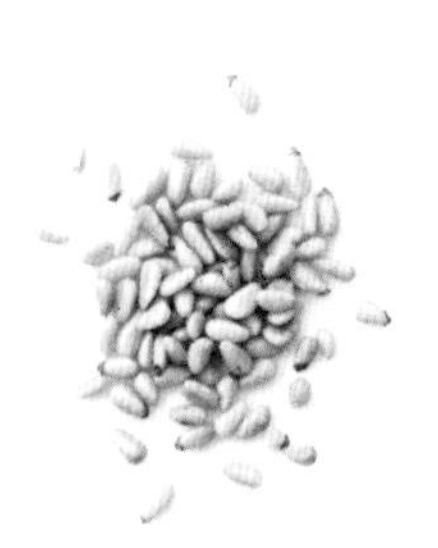
松子仁 1 汤匙

帕尔玛干酪 30 克

- ○ 按照包装上说明的时间将螺旋面煮熟。
- ○ 将帕尔玛干酪擦丝，再将罗勒清洗干净，将大蒜去皮。
- ○ 用搅拌机（或是研钵）将罗勒叶、大蒜、松子仁和橄榄油搅拌均匀并碾碎，然后再加入帕尔玛干酪丝，制成香蒜酱汁。
- ○ 最后，将沥干水分的螺旋面和做好的香蒜酱汁混合均匀。

意面配酸奶汁

10 分钟

10 分钟

2 人份

意大利面 200 克

番茄 1 个

希腊酸奶 1 盒

橄榄油少许

不同种类的调味香草 6 根

○ 按照包装上说明的时间将意大利面煮熟。

○ 将调味香草洗净、切碎。将番茄洗净并切丁。

○ 将希腊酸奶和各种不同种类的香草碎放入耐热的碗中进行混合。然后将碗放在热水上，隔水将希腊酸奶加热，再加入盐和胡椒粉调味，制成酸奶香草酱。

○ 最后，将酸奶香草酱和沥干水分的意大利面、番茄丁混合，再加入一点儿橄榄油即可。

鳀鱼通心粉

5 分钟

15 分钟

2 人份

通心粉 200 克

鳀鱼鱼排 5 块

刺山柑花蕾 1 汤匙

橄榄油 2 汤匙

大蒜（小）1 瓣

○ 将鳀鱼鱼排和刺山柑花蕾洗净、切碎，将大蒜去皮后切成碎末。

○ 取平底锅，在锅内放入 1 汤匙橄榄油，用文火加热，然后放入大蒜末和刺山柑花蕾碎，翻炒、搅拌，直到变成糊状。根据需要，可以再酌情加入一些橄榄油和刺山柑花蕾碎，制成刺山柑酱。

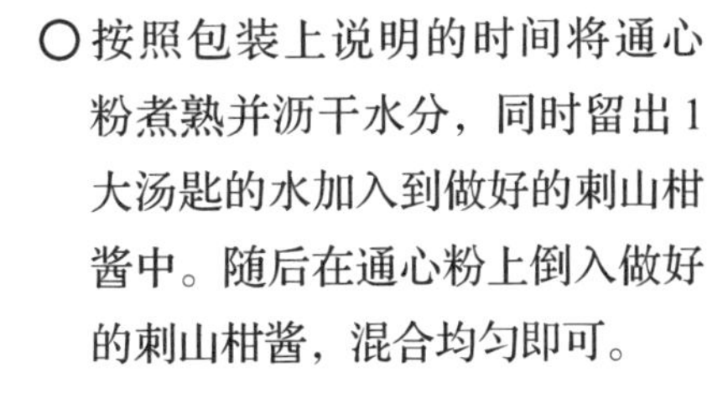

○ 按照包装上说明的时间将通心粉煮熟并沥干水分，同时留出 1 大汤匙的水加入到做好的刺山柑酱中。随后在通心粉上倒入做好的刺山柑酱，混合均匀即可。

蓝纹奶酪西蓝花猫耳朵面

5 分钟

20 分钟

2 人份

猫耳朵面 200 克

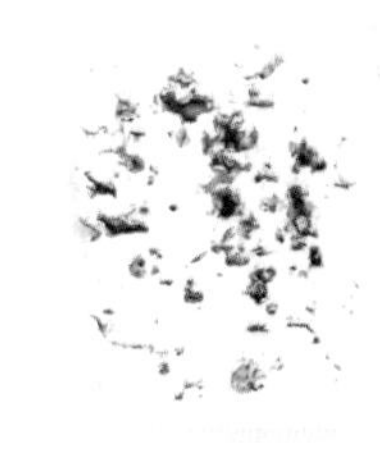
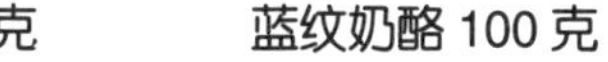
蓝纹奶酪 100 克

西蓝花（小）1 棵

○ 将西蓝花择成小块并洗净，然后将其放入平底锅中，用沸水煮 6~7 分钟，直至西蓝花变软，但还要留有韧性。随后沥干水分，保留焯烫西蓝花的水，将西蓝花盖上盖子保温。

○ 重新加热留下的水，并根据情况适量加水，然后将猫耳朵面下入锅中煮 10 分钟左右。

○ 将蓝纹奶酪切碎，分别放入 2 个大盘子中。将沥干水分的猫耳朵面倒入盘中，再放上西蓝花一起搅拌均匀。最后，加入胡椒粉调味即可。

面食

金枪鱼通心粉

5 分钟

10 分钟

2 人份

通心粉 200 克

原味金枪鱼罐头 1 盒

波尔斯因奶酪半块

小茴香若干

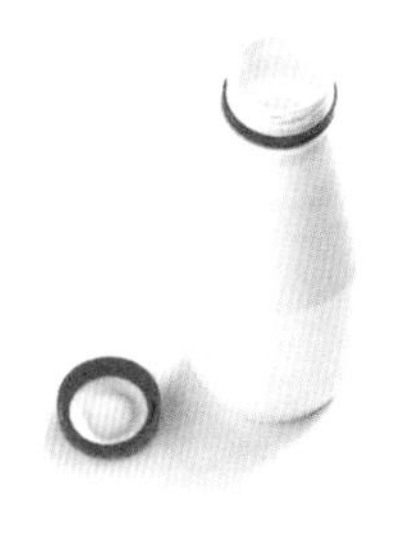
液体奶油 2 汤匙

- 按照包装上说明的时间将通心粉煮熟。
- 将小茴香洗净、切碎。
- 在碗中用叉子将原味金枪鱼和波尔斯因奶酪压碎，然后倒入液体奶油，撒入小茴香碎，混合均匀，制成酱料。
- 将沥干水分的通心粉和做好的酱料混合即可。

山羊奶酪橄榄意面

10 分钟

10 分钟

2 人份

意大利面 200 克

橄榄 40 克

新鲜山羊奶酪 200 克

香芹若干

番茄干 4 个

带叶子的小洋葱 2 棵

- 按照包装上的说明将意大利面煮熟。
- 将全部的配料洗净、切碎，制作成开胃小菜。
- 将开胃小菜放入大碗中，与橄榄油、一点儿盐、胡椒粉混合均匀。
- 将意大利面沥干水分，搭配上切好的新鲜山羊奶酪碎和准备好的开胃小菜，一起食用即可。

奶酪通心粉

5 分钟

30 分钟

2 人份

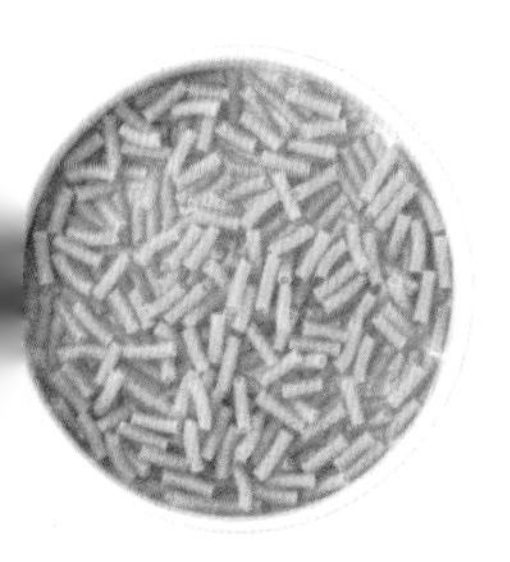
通心粉 80 克

黄油 20 克

面粉 1 汤匙

面包糠 1 汤匙

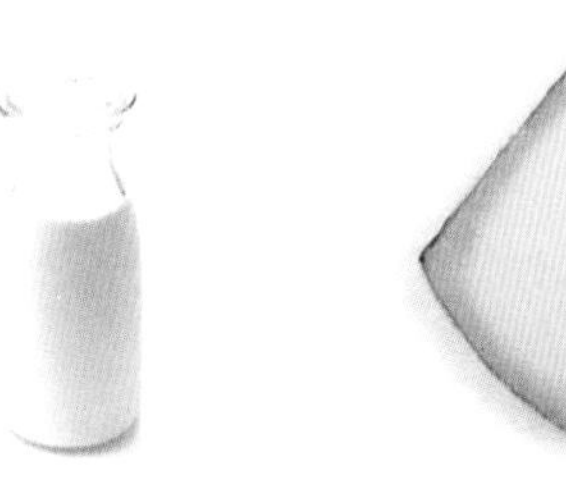
牛奶 200 毫升

伯爵奶酪 75 克

○ 将烤箱预热至 190℃，并将通心粉煮熟。将黄油放入平底锅中加热使其熔化，然后一次性倒入面粉，混合均匀。关火，向平底锅内分次加入牛奶，再次开火，一边搅拌，一边继续加热 4~5 分钟，制成白色奶油调味酱。

○ 将伯爵奶酪擦丝，留出 1 汤匙的量，将剩余的伯爵奶酪丝全部放入做好的白色奶油调味酱里。将沥干水分的通心粉和白色奶油调味酱充分混合。

○ 将混合好的食材倒入做焗饭的盘子中，再将面包糠和剩余的伯爵奶酪丝混合后撒在盘子上。最后将烤盘入烤箱烤制一会儿，直至表面呈焦皮状后取出。

甜点

冰激凌香蕉船

5 分钟

5 分钟

2 人份

香蕉 2 根

黑巧克力 100 克

全脂液体奶油 400 毫升

巧克力味冰激凌 2 个球

香草味冰激凌 2 个球

草莓味冰激凌 2 个球

○ 将黑巧克力掰成碎块。在平底锅内倒入 200 毫升全脂液体奶油并加热，沸腾前离火，然后加入黑巧克力碎块，均匀搅拌至顺滑。

○ 将香蕉去皮，然后竖着对半切开。

○ 将剩余的全脂液体奶油搅打至呈略硬的固体状态（搅打至提起打蛋器时，液体不滴落，能保持直立状态）。

○ 在每个盘子中各放一块香蕉，然后顺着香蕉块依次摆放上 3 种不同味道的冰激凌球，再配上打发好的奶油，淋上黑巧克力酱。最后如果喜欢的话，还可以撒上一些经过烤制的杏仁片。

自制巧克力酱香草冰激凌

5~10 分钟

拌匀即可

1~2 人份

香草味冰激凌 1 盒

三角巧克力 100 克

黄油 15 克

新鲜奶油 50 克

○ 将三角巧克力（瑞士三角牌巧克力）压碎成块放入碗中，用微波炉加热几分钟，直至熔化。

○ 再向碗中加入黄油和新鲜奶油，然后混合均匀，制成巧克力酱。

○ 最后，将做好的巧克力酱淋到香草味冰激凌上即可食用。

甜点

雪崩蒙布朗

5 分钟

拌匀即可

2 人份

油夹心烤蛋白（小）4 个

新鲜奶油 6 汤匙

白奶酪 250 克

苹果酱 100 克

子奶油酱（小盒）1 盒

○ 在每个盘子中各放 1 个奶油夹心烤蛋白。然后将全部的栗子奶油酱倒在奶油夹心烤蛋白上，再将新鲜奶油涂抹在最上面。

○ 用勺子将碗中的白奶酪搅拌至顺滑，然后加入苹果酱，只搅拌 1 次即可，制成奶酪苹果酱。

○ 将做好的奶酪苹果酱摊在准备好的奶油夹心烤蛋白上，再取 1 个奶油夹心烤蛋白盖在上面即可。

意式托尼甜面包布丁

10 分钟

35 分钟

4 人份

意式托尼甜面包（大）6 片

牛奶 500 毫升

鸡蛋 2 个

糖 2 汤匙

黄油 50 克

新鲜草莓 125 克

○ 将烤箱预热至 190℃，将烤盘内部涂满黄油。将意式托尼甜面包片切成两半。根据情况，尽可能地将其竖着摆放在烤盘上。

○ 将牛奶、鸡蛋液和糖（保留少许糖用于最后放入）放入大碗中搅打在一起，然后倒入烤盘内。

○ 将全部食材放入烤箱中烤制 35 分钟，直到烤盘表面的食材膨胀起来并变至金黄色。然后撒上留下的糖，再放上清洗、去蒂后切片的新鲜草莓。如果没有特别的喜好，趁温热食用即可。

无须烤制的巧克力蛋糕

1~2 小时

拌匀且静置 1 晚

2~3 人份

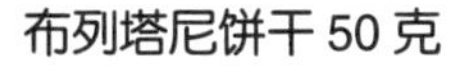
布列塔尼饼干 50 克

可可粉 100 克

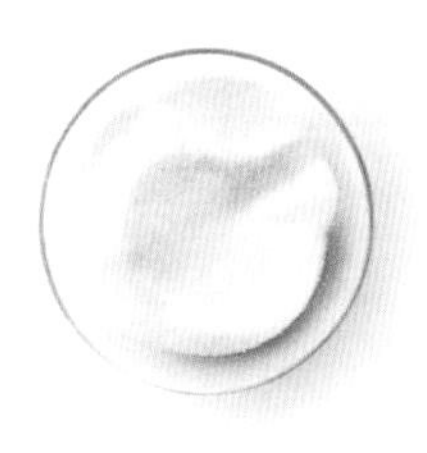
糖 50 克

黄油 100 克

鸡蛋 1 个

杏仁粉 100 克

- 在开始制作前，要提前 1~2 个小时将黄油从冰箱中拿出，使其融化至松软。然后在 1 个正方形或是长为 18 厘米的长方形模具中涂上黄油，再将布列塔尼饼干用刀子压碎。
- 将软化后的黄油、可可粉和杏仁粉均匀混合，再加入糖、1 汤匙水和鸡蛋液，并再次均匀混合。此时要加入准备好的布列塔尼饼干碎。
- 将混合好的食材一起倒入模具中，搅拌至顺滑，随后将其放入冰箱静置 1 晚。
- 次日取出蛋糕，切薄片食用即可。

柠檬片蛋糕

20 分钟

55 分钟

6 人份

鸡蛋 2 个

面粉 120 克

糖 140 克

柠檬 4 个

黄油 80 克

糖粉 30 克

- 在 1 个长为 22 厘米的长方形模具中涂上黄油。取出 75 克面粉和 1 汤匙糖混合，再加入 65 克切成小块的黄油，用手指不停搅打直至成面团状。然后将其铺开放在模具上，放入预热至 160℃的烤箱中烤制 20 分钟。
- 将柠檬榨汁，并将鸡蛋液和 125 克糖均匀搅拌，然后加入 80 毫升的柠檬汁和 3 汤匙的过筛面粉，再次搅拌均匀。
- 将搅拌好的柠檬混合物倒在面团上，放入预热至 150℃的烤箱中烤制 35 分钟。时间到后取出食材，令其静置冷却，然后脱模，并切片，最后撒上糖粉即可。

牛奶米布丁

5 分钟

10 分钟

2 人份

牛奶 500 毫升

小粒粗米粉 4 汤匙

糖 1 汤匙

- 将牛奶加热，待煮沸后离火。在牛奶中筛入小粒粗米粉并搅拌至混合均匀，再加入糖。
- 开小火，不停搅拌直至粗米粉充分吸收牛奶变得黏稠。
- 配上少许果酱就可以直接食用了。如果喜欢的话，也可以将其倒入碗中，待稍凉后再食用。

简易水果蛋糕

20 分钟

30~40 分钟

4 人份

红色水果 300 克

糖 50 克

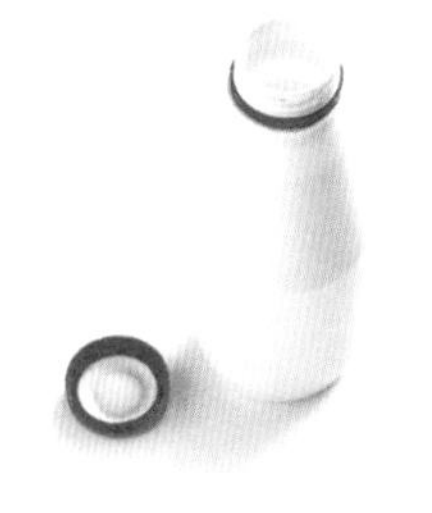

液体奶油 200 毫升

面粉 75 克

牛奶 200 毫升

黄油 25 克

○ 将烤箱预热至 200℃。在模具中抹上黄油。将牛奶、液体奶油、面粉、糖和 1 小撮盐搅拌均匀。将准备好的红色水果放入烤盘内，再倒入混合好的食材。

○ 将剩余的黄油切块，分散放在水果蛋糕食材上，然后放入烤箱烤制 30~40 分钟，直至蛋糕表面呈金黄色。

○ 建议：可以在烘焙好的蛋糕中放入香草或是橙花水来提升香味。

仿奶酪蛋糕

20 分钟

拌匀且静置 1 晚

4 人份

布列塔尼咸饼干 150 克

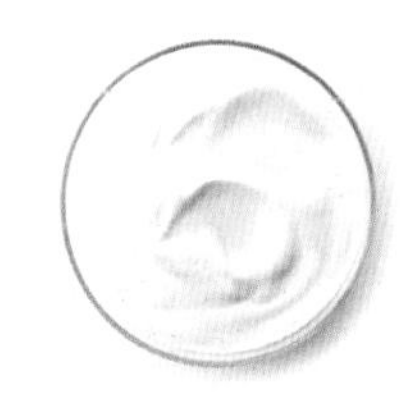

白奶酪 400 克

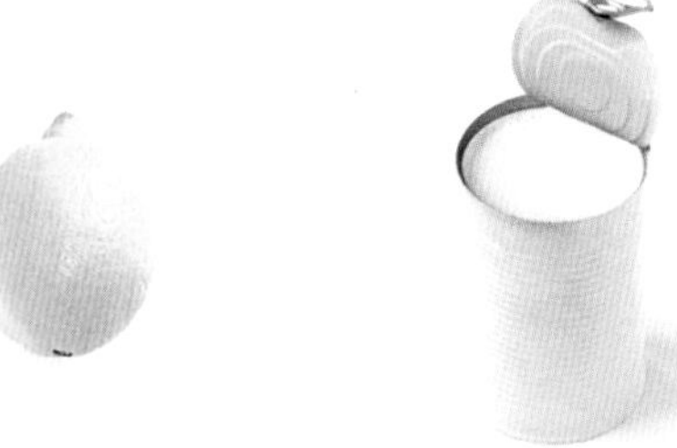

柠檬 1 个

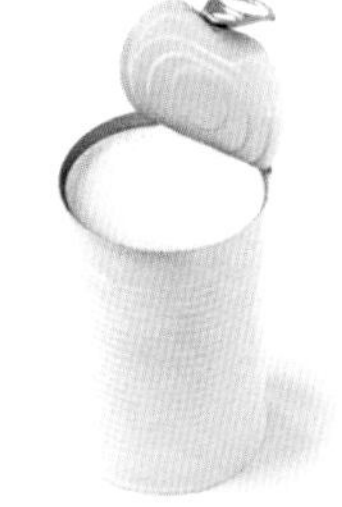

全脂炼乳 170 克

黄油 50 克

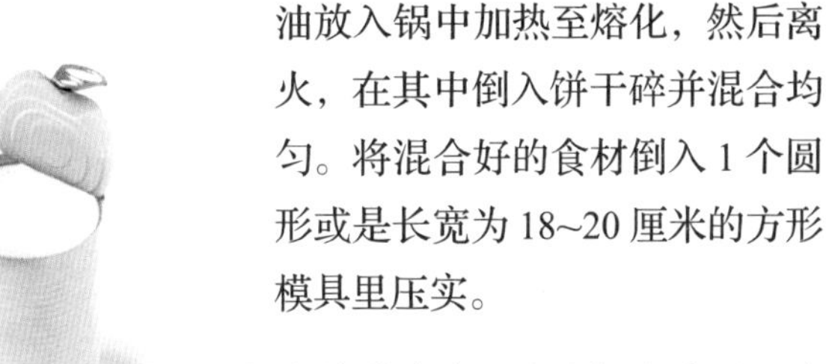

○ 将布列塔尼咸饼干压碎，再将黄油放入锅中加热至熔化，然后离火，在其中倒入饼干碎并混合均匀。将混合好的食材倒入 1 个圆形或是长宽为 18~20 厘米的方形模具里压实。

○ 将柠檬洗净，取皮切成碎屑，取果肉榨汁备用。

○ 将白奶酪和一点儿柠檬汁、全脂炼乳混合。然后品尝一下，再根据情况酌情一点一点地加入全脂炼乳和柠檬汁，直至达到需要的口感，再加入柠檬皮屑，随后将食材一起倒入铺有黄油和布列塔尼咸饼干混合物的烤盘上，放入冰箱冷藏 1 晚即可。

甜点

茶点蛋糕

 20 分钟

 拌匀且静置 5 小时

 4 人份

法式小黄油饼干 1 包

咖啡 1 杯

鸡蛋 3 个

白奶酪 400 克

糖 4 汤匙

可可粉 1 汤匙

- 在长为 22 厘米的长方形烤盘中铺上油纸。将蛋白和蛋黄分离，然后将白奶酪、糖和蛋黄搅打均匀。将蛋白打发至呈雪花状，然后将打发好的蛋白糊和前面的蛋黄液混合在一起，制成蛋糕糊。
- 将法式小黄油饼干放在咖啡里蘸一下，然后一块一块铺在模具底部和侧边上。在模具中倒入少许蛋糕糊，铺上一层蘸了咖啡的法式小黄油饼干，再倒入一层蛋糕糊，如此反复，直到食材都铺完，最后再铺上一层法式小黄油饼干。
- 将食材放入冰箱静置 5 个小时，然后脱模，撒上可可粉即可。

苹果奶酥

20 分钟

50 分钟

4 人份

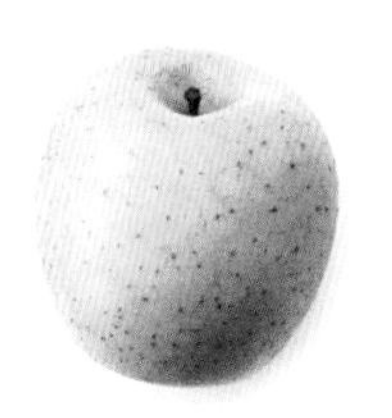
苹果 6 个

柠檬 1 个

面粉 150 克

糖 5 汤匙

含盐黄油 100 克

○ 将烤箱预热至 190℃。将苹果洗净、去皮并切成 4 份，然后剔除果核部分。将苹果块放入烤盘中，撒上 1 汤匙的糖，再放入烤箱烤制 20 分钟。

○ 将面粉、糖和切块的含盐黄油混合均匀，用手指不停搅打，直至形成大块的面团粒。

○ 将面团粒撒在苹果块上，并重新放入烤箱烤制 30 分钟。烤好后，配上奶油或是冰激凌，温热或是凉凉食用均可。

甜点

简易梨子蛋糕

25 分钟

35~45 分钟

6 人份

梨 4 个

黄油 140 克

鸡蛋 3 个

面粉 125 克

糖 90 克

椰蓉 2 汤匙

○ 将烤箱预热至 180℃。取 1 个稍微深一点儿的烤盘并涂抹上黄油，然后将 130 克黄油熔化。

○ 将鸡蛋液、糖和盐混合，然后在其中加入熔化的黄油和面粉，制成面糊。

○ 将梨对半切开，取出果核部分。

○ 在模具内先倒入一点儿面糊，接着把梨放在上面，并将梨侧切到底部。随后倒入剩余的面糊，再将食材放入烤箱烤制 35~45 分钟，直至烤盘中的食材表面呈金黄色。最后，可根据喜好撒上适量椰蓉。

水果馅饼

20 分钟准备，30 分钟静置

35 分钟

6 人份

新鲜覆盆子 100 克

黄油 140 克

桃子 6 个

糖 5 汤匙

面粉 250 克

○ 将面粉、盐和 130 克黄油混合均匀，再加入 3 汤匙的水，随后用顶部为圆形的刀具将食材搅拌均匀，制成球形面团，然后包上保鲜膜，放入冰箱保鲜层静置 30 分钟。

○ 将桃子洗净、去皮并剔除果核，然后再切成片状。接着将烤箱预热至 190℃，将新鲜覆盆子洗净。

○ 将面团放在涂有黄油的烤盘上，摊成圆饼形状。再放上全部的水果（除 5 颗新鲜覆盆子外），要将边缘处留出来。接着撒上糖，将边缘处的饼皮折叠上来，盖住约 1/3 的水果。将食材放入烤箱烤制 35 分钟。最后撒上剩余的新鲜覆盆子即可。

甜点

超级缤纷圣代

15 分钟准备，6 小时静置

拌匀即可

4 人份

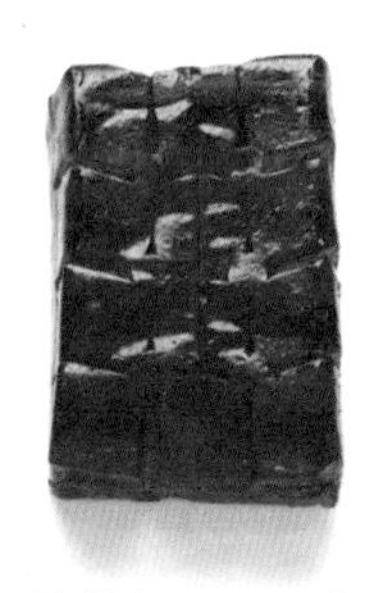

草莓吉利丁 1 盒

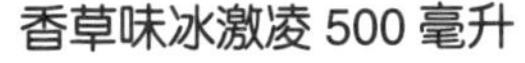

香草味冰激凌 500 毫升

糖水桃罐头 1 罐

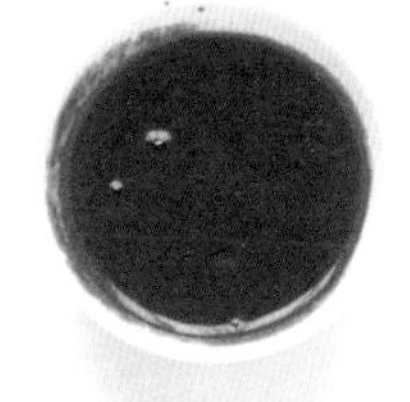

覆盆子果酱 120 毫升

香蕉 1 根

尚蒂伊鲜奶油 1 瓶

○ 按照包装说明将草莓吉利丁熔化，倒入沙拉盆中。待其自然冷却后，放入冰箱冷藏 6 个小时。

○ 将糖水桃切片，再将香蕉去皮并切成圆片。

○ 取出 1 个有深度的杯子，在其中放入切成块的草莓吉利丁、糖水桃片、香蕉片、少许香草味冰激凌和覆盆子果酱。最后再覆盖上尚蒂伊鲜奶油，有必要的话，也可以再撒上些巧克力彩针或是巧克力屑等。

奶油奶酪草莓

10 分钟

拌匀即可

2 人份

油夹心烤蛋白（大）1 个

白奶酪 250 克

新鲜奶油 6 汤匙

新鲜草莓 125 克

- 将奶油夹心烤蛋白压碎成大块。将新鲜草莓洗净，去除根蒂部分，然后将全部食材放入碗中。
- 将碗中食材轻轻搅拌，无须搅拌均匀，在将新鲜草莓和新鲜奶油搅拌的同时，一边混合食材，一边将新鲜草莓压碎。
- 将搅拌好的食材盛入2个玻璃杯，并放入冰箱冷冻一会儿再食用。

甜点

乳脂蛋糕

20 分钟

拌匀即可

2~3 人份

橙子 2 个

新鲜草莓 250 克

香蕉 1 根

希腊酸奶 1 杯

全脂液体奶油 150 毫升

杏仁果酱蛋糕 2 片

- 将橙子榨汁，将杏仁果酱蛋糕片分别放入 2 只碗的底部，再将橙汁倒在上面。
- 将新鲜草莓洗净，去除根蒂部分。留出 2 个备用，其余全部切块，并放入碗中。
- 将香蕉去皮，切成圆片，然后放在新鲜草莓块上面。
- 将全脂液体奶油打发至提起打蛋器时有小尖钩纹路，且坚挺不变形。此时加入希腊酸奶，均匀混合后将其倒在碗中的水果上。最后在每只碗里分别放上 1 个新鲜草莓即可。

牙买加式乳脂蛋糕

20 分钟

拌匀且静置 2~3 小时

2~3 人份

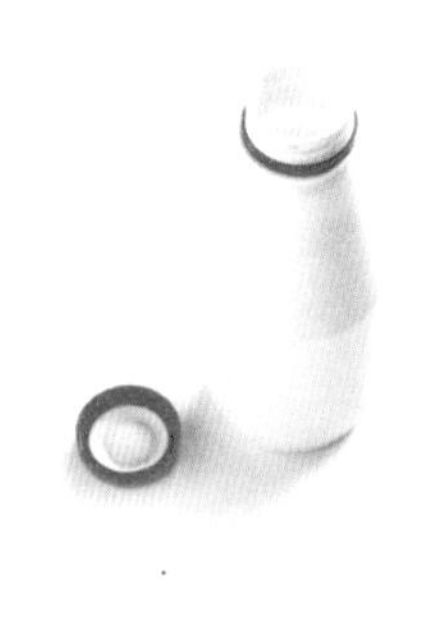

菠萝 1 个

全脂液体奶油 300 毫升

糖 3 汤匙

手指饼干 20 块

朗姆酒 1 小杯

菠萝汁 1 大杯

○ 将全脂液体奶油倒进 1 只大碗中，搅打至其变厚、变浓稠，提起打蛋器头时有峰状棱角。此时加入糖，再重新搅打。

○ 将朗姆酒和菠萝汁混合。然后将菠萝去皮并切片。将手指饼干依次浸入到朗姆酒和菠萝汁的混合物中。再在 1 个透明的大号沙拉盆底部铺上一层浸好的手指饼干。

○ 接着铺上一层菠萝片，再铺一层全脂液体奶油，并按照手指饼干、菠萝片、全脂液体奶油的顺序重复放置。最后，将成品放入冰箱冷藏 2~3 个小时后即可食用。

水果

火焰香蕉

5 分钟

10 分钟

2 人份

香蕉 2 根

黄油 15 克

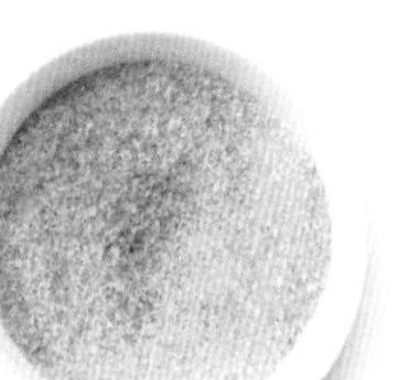

红糖 1 汤匙

桂皮粉 1 小撮

朗姆酒 1 小杯

- 将香蕉去皮，从中间竖着对半切开。
- 将黄油放入平底锅中，开中火使黄油熔化。然后放入香蕉块，煎至两面呈金黄色。撒上红糖，使香蕉微微挂上焦糖，再撒上桂皮粉。
- 将朗姆酒倒在 1 个大汤匙内，放在火焰下烤，直至点燃朗姆酒，然后将燃烧的朗姆酒倒在香蕉块上，趁热立即食用。

水果

烘烤水果汇

5 分钟

35 分钟

2~3 人份

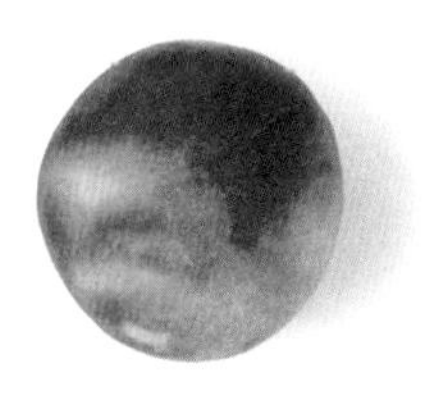

桃子 5 个

杏 6 个

桑葚 20 颗

香草味糖 1 汤匙

柠檬 1 个

- 将烤箱预热至 190℃。将桃子、杏洗净、去皮并对半切开，去除果核后再切片。将切好的桃片、杏片放入烤箱中的盘子内，并在上面撒上香草味糖。
- 将柠檬洗净，取 1 小块柠檬皮放到切好的水果片中，然后把盘子放入烤箱烤制 35 分钟，直至盘子内的水果片变软，且边缘表皮变色。
- 再加入洗净的桑葚，这里要选择比其他水果更多汁的浆果，冷食或热食皆可，也可以搭配冰激凌、酸奶或是奶油一起食用。

水果

烤苹果

5 分钟

25~40 分钟

2 人份

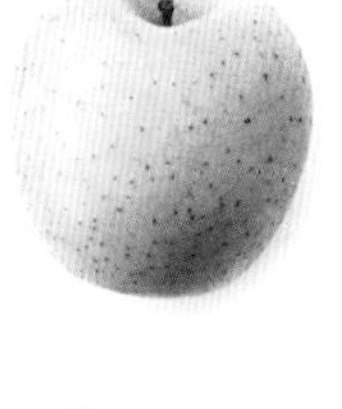
苹果 2 个

黄油 30 克

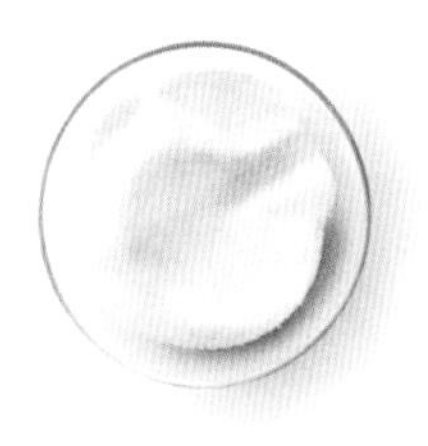
糖 1 汤匙

白奶酪 2 汤匙

橙汁少许

花生仁 1 把

○ 将烤箱预热至 190℃。将苹果洗净，在不切开苹果的情况下，用尖刀剜出果核部分。如果可以的话，尽量保留没有被弄坏的苹果底部。

○ 在每个苹果去除果核的空心部分各放入一块黄油、一点儿盐、一点儿糖和橙汁，然后盖上保留的苹果底部。

○ 将苹果放在可以放入烤箱的盘子内，根据个人口味，放入烤箱烤制 25~40 分钟。待烤好后，可以配上一点儿白奶酪和花生仁一起食用。

美丽的海伦梨

5 分钟

2 分钟

2 人份

糖水梨罐头 1 罐

焦糖杏仁酥饼干半包

尚蒂伊鲜奶油 1 瓶

黑巧克力 50 克

- 将焦糖杏仁酥饼干压碎成小块。将黑巧克力压碎并放入碗中。
- 将黑巧克力隔水熔化，并搅拌至顺滑。
- 在每个盘子中各放入一半沥干水分的糖水梨。在糖水梨的空心部分放上尚蒂伊鲜奶油，并撒上焦糖杏仁酥饼干碎。最后在上面浇上熔化的黑巧克力，将其放到冰箱内冷藏，直到黑巧克力凝固。

水果

酸奶冰激凌

速冻覆盆子 300 克

新鲜草莓 300 克

希腊酸奶 2 杯

糖 2 茶匙

新鲜奶油 150 克

 5 分钟

 拌匀且冷冻 2~3 小时

 2 人份

- 将速冻覆盆子洗净后与希腊酸奶混合。然后加入糖，再次搅拌混合。
- 将新鲜草莓洗净，去除根蒂部分，然后和少量糖一起混合，再加入新鲜奶油并混合均匀。
- 将前面混合好的 2 种食材依次倒入冰棍模具中。在每个模具的中心部位插入 1 根小棍子。如果水果是速冻的，就把模具放入冷冻柜冷冻 30 分钟。如果水果是新鲜的，就把模具放入冷冻柜冷冻 2~3 个小时。品尝前再脱模。

柑橘沙拉

15 分钟

拌匀即可

2 人份

葡萄柚 1 个

橙子 2 个

橘子 4 个

鲜姜（小）1 块

糖 2 茶匙

○ 将葡萄柚去皮，拆开分成 4 份，并去除果肉外的白色部分。

○ 将橙子自上而下去皮，仔细去除果肉表面的白色部分，并分成 4 份。

○ 将橘子去皮，切成 4~6 块。

○ 将切好的葡萄柚、橙子和橘子放入碗中，再加入擦好的鲜姜丝，撒上糖，并搅拌均匀即可。

配料索引

图书在版编目（CIP）数据

西餐 /（法）科达·布拉克著 ；（法）迪尔德·鲁尼，（法）皮埃尔·热维尔摄影 ；张蔷薇译. — 北京 ：北京美术摄影出版社，2018.12
（超级简单）
书名原文：Super Facile Prix Mini
ISBN 978-7-5592-0189-8

Ⅰ. ①西… Ⅱ. ①科… ②迪… ③皮… ④张… Ⅲ. ①西式菜肴—菜谱 Ⅳ. ①TS972.188

中国版本图书馆CIP数据核字(2018)第212576号

北京市版权局著作权合同登记号：01-2018-2831

责任编辑：董维东
助理编辑：刘　莎
责任印制：彭军芳

超级简单
西餐
XICAN

[法] 科达·布拉克　著
[法] 迪尔德·鲁尼　[法] 皮埃尔·热维尔　摄影
张蔷薇　译

出　版　北京出版集团公司
　　　　北京美术摄影出版社
地　址　北京北三环中路6号
邮　编　100120
网　址　www.bph.com.cn
总发行　北京出版集团公司
发　行　京版北美（北京）文化艺术传媒有限公司
经　销　新华书店
印　刷　鸿博昊天科技有限公司
版印次　2018年12月第1版第1次印刷
开　本　635毫米 × 965毫米　1/32
印　张　4.5
字　数　50千字
书　号　ISBN 978-7-5592-0189-8
定　价　59.00元
如有印装质量问题，由本社负责调换
质量监督电话　010-58572393